Olaniran Olagoke

# Isolamento e caraterização de bactérias da água do ribeiro de Esa-OKe

**Olaniran Olagoke**

# Isolamento e caraterização de bactérias da água do ribeiro de Esa-OKe

**ScienciaScripts**

**Imprint**
Any brand names and product names mentioned in this book are subject to trademark, brand or patent protection and are trademarks or registered trademarks of their respective holders. The use of brand names, product names, common names, trade names, product descriptions etc. even without a particular marking in this work is in no way to be construed to mean that such names may be regarded as unrestricted in respect of trademark and brand protection legislation and could thus be used by anyone.

Cover image: www.ingimage.com

This book is a translation from the original published under ISBN 978-620-2-31874-7.

Publisher:
Sciencia Scripts
is a trademark of
Dodo Books Indian Ocean Ltd. and OmniScriptum S.R.L publishing group

120 High Road, East Finchley, London, N2 9ED, United Kingdom
Str. Armeneasca 28/1, office 1, Chisinau MD-2012, Republic of Moldova, Europe
Printed at: see last page
**ISBN: 978-620-8-10560-0**

# DEDICAÇÃO

1

Esta investigação é dedicada a Deus Todo-Poderoso pela sua graça e amor para com a minha família. Ele é o Alfa e o Ómega.

# RECONHECIMENTO

2

Utilizo este meio para agradecer a Jeová Todo-Poderoso, que me possibilitou concluir este estudo.

O meu infinito apreço e agradecimento vai para a minha querida família pelo seu apoio moral e financeiro. E o meu agradecimento especial vai também para todos os meus familiares, tanto os mais velhos como os mais novos, que são tão maravilhosos.

# Índice

# **RESUMO**

A água é essencial à vida, mas muitas pessoas não têm acesso a água potável limpa e segura e muitas morrem de infecções bacterianas transmitidas pela água. O estudo teve acesso à contagem média de bactérias dos três riachos de renome selecionados na metrópole de Esa-Oke e identificou as bactérias isoladas dos riachos. A contagem de bactérias viáveis foi determinada pelas amostras de água até 10 0,1 a partir de diluições de 10 e 10. Foram utilizados os métodos de placa de derrame e de placa de estrias para a contagem de bactérias em placa e subcultura, respetivamente. Foram também utilizados meios selectivos e diferenciais para a caraterização das bactérias. Os resultados obtidos a partir da contagem de placas mostram que Afon Oke tem uma contagem mais elevada do que os outros e também revelam que há mais *Staphylococcus aureus em* Ekoro do que nos outros, enquanto que em Arubu há mais *Pseudomonas aeruginosa* do que nos outros. O estudo concluiu que o ribeiro deve ser monitorizado a partir da fonte, uma vez que se encontra muito próximo de zonas residenciais e que o surto de doenças transmitidas pela água está iminente, pelo que a inspeção da água a partir da fonte deve ser considerada muito importante.

# CAPÍTULO 1

## 1.0 INTRODUÇÃO

A água é essencial para a vida se for fornecida de forma adequada, segura e acessível, o que, por sua vez, traz benefícios significativos para a saúde (OMS, 2008). O nosso corpo, sendo essencialmente constituído por água, necessita de uma reposição diária de água suficiente para funcionar de forma eficiente, uma vez que a água está envolvida em todas as funções corporais, como a digestão, a assimilação, a eliminação, a respiração, a manutenção da integridade da temperatura (homeostasia) e a resistência de todas as estruturas corporais (João, 2010). O abastecimento de água limpa e tratada a cada casa tem sido a norma na Europa e na América do Norte, mas nos países em desenvolvimento, o acesso à água limpa e ao saneamento não é a regra e as infecções transmitidas pela água são comuns (João, 2010). Dois mil milhões e meio de pessoas não têm acesso a saneamento básico e mais de 1,5 milhões de crianças morrem todos os anos de doenças diarreicas (Fenwick, 2006). De acordo com a Organização Mundial de Saúde, a mortalidade por doenças associadas à água ultrapassa os 5 milhões de pessoas por ano, sendo que as infecções intestinais microbianas representam mais de 50%, com a cólera a destacar-se em primeiro lugar (George et al., 2001).

A água está poluída com centenas de toxinas e impurezas e as autoridades apenas testam um pequeno número delas (João, 2010). Os tratamentos da água, que têm como objetivo tornar a nossa água potável *bacteriologicamente segura*, provaram

ser ineficazes e a presença de certas bactérias patogénicas como *a giardia* e *o*

*cryptosporidium*, recentemente encontradas na água de Sydney, é apenas um dos

muitos exemplos (Fenwick, 2006). Ao observar os efeitos de substâncias químicas

individuais, minerais inorgânicos e seus subprodutos, é possível ver uma ligação com

as principais doenças actuais (George et al., 2001). Quando se bebe água impura

desvitalizada, a vitalidade e a saúde são alteradas e também a desidratação, devido

ao sabor ofensivo da água e à introdução de bebidas comerciais carregadas de

açúcar, tornou-se outro fator que contribui para a doença (João, 2010). A água

mineral pode ser maravilhosa para tomar banho; no entanto, a presença de alguns

agentes patogénicos e minerais inorgânicos torna-a indesejável (OMS, 2008).

As doenças microbianas transmitidas pela água também afectam os países

desenvolvidos. Nos EUA, estima-se que, todos os anos, 560 000 pessoas sofrem de

doenças graves transmitidas pela água e 7,1 milhões sofrem de infecções ligeiras a

moderadas, resultando em cerca de 12 000 mortes por ano (Medema *et al,* 2003).

As doenças diarreicas microbianas agudas são um importante problema de saúde

pública nos países em desenvolvimento e as pessoas afectadas por doenças

diarreicas são as que têm menos recursos financeiros e instalações de higiene mais

precárias (João, 2010). As crianças com menos de cinco anos, principalmente nos países asiáticos e africanos, são as mais afectadas pela diarreia microbiana transmitida pela água (Seas *et al,* 2000).

Em países em desenvolvimento como a Nigéria, onde o acesso a água potável e saneamento não é a regra e as infecções transmitidas pela água são comuns, o que leva ao aumento da morbilidade e mortalidade entre as pessoas. Por conseguinte, o estudo pretende aceder à população microbiana dos três cursos de água selecionados de renome na metrópole de Esa-Oke e identificar algumas das bactérias patogénicas isoladas dos cursos de água. Isto ajudará a fornecer informações adequadas à comunidade para melhorar a salubridade da água potável, especialmente a proveniente dos cursos de água da comunidade.

# CAPÍTULO 2

## 2.0. REVISÃO DA LITERATURA

A água é essencial para o homem e outras formas de vida. É necessária para várias actividades humanas diárias, tais como beber, cozinhar, escovar os dentes, tomar banho, lavar utensílios e também para fins agrícolas e industriais (McFeeters, 1989; Centre for Environmental Health, 2005). No entanto, a má qualidade da água continua a ser uma das principais causas de problemas de saúde, especialmente nos países em desenvolvimento, onde se estima que 80% de todas as doenças estão relacionadas com a água e o saneamento e 15% de todas as mortes de crianças com menos de 5 anos resultam de doenças diarreicas (Thompson e Khan, 2003; OMS e UNICEF, 2004). Atualmente, estima-se que 884 milhões de pessoas em todo o mundo não utilizam fontes melhoradas de água potável e 2,6 mil milhões não dispõem de saneamento adequado. A maioria destas pessoas encontra-se no Sul da Ásia (25%) e na África Subsariana (37%) (OMS e UNICEF, 2010). Na Nigéria, o aumento da população e a degradação das infra-estruturas tornaram a água canalizada municipal inadequada em quantidade e qualidade (Adesunkanmi e Ajao, 1996). Atualmente, menos de 30% dos nigerianos têm acesso a água potável segura devido a estas inadequações e a maioria das populações tem de recorrer a água potável de poços e riachos, especialmente nas comunidades rurais e suburbanas.

Estas fontes de água não são, em grande parte, tratadas e podem albergar doenças transmitidas pela água e por vectores, como a cólera, a febre tifoide, a diarreia, a hepatite e a gafanhoto (Rahman *etal,* 2001; Adekunle, 2004; Fenwick, 2006). Estas doenças são causadas por bactérias patogénicas, vírus, protozoários e outros micróbios que são libertados nas fezes humanas e poluem as fontes de água que as pessoas utilizam para beber e lavar. Muitos rios, riachos e poços em todo o mundo são afectados pela contaminação fecal, o que leva a um aumento dos riscos para a saúde das pessoas expostas à água, à degradação da qualidade da água para fins recreativos e de consumo (Simmons, 1994; Gregory e Frick, 1995; Center for Watershed Protection 1999, Harrisson ,2003; Horman, 2005; Ganoza *et al,* 2006; Zvidzai *et* al.2007; Obiri-Danso *et al,* 2009). As bactérias patogénicas que podem estar associadas à contaminação fecal incluem estirpes patogénicas de *Escherichia coii, Campylobacter,* espécies de *Salmonella,* espécies de *Shigella* e *Vibrio choierae.* Para além de estes organismos causarem doenças humanas, a resistência aos antibióticos tornou mais difícil o tratamento das doenças que causam (Lamikanra e Okeke, 1997; Hart e Kariuki, 1998; Okeke *et ai,* 2007). Bactérias resistentes a antibióticos foram previamente isoladas de águas superficiais, como riachos (McArthur e Tuckfield, 2000; Ash *et ai,* 2002; Roe *et ai,* 2003; Yang e Carlson, 2003) e fontes de água subterrâneas, como poços (Oyetayo *et ai,* 2007). As bactérias variam muito na sua resposta a stresses induzidos por antibióticos (Hawkey, 1998). Pode haver uma resistência intrínseca determinada por genes cromossómicos que não são transferíveis para outros organismos (Rice *et al,* 2003).

A resistência bacteriana aos antibióticos também pode ser adquirida através de mutações nos genes cromossómicos ou através da aquisição de novos genes responsáveis pela resistência aos antibióticos. Os genes responsáveis pela resistência adquirida aos antibióticos são frequentemente transportados em elementos genéticos que podem ser facilmente transferidos entre bactérias. Estes podem ser plasmídeos, bacteriófagos ou transposões (Roy, 1999; Walsh, 2003; Levy e Marshall, 2004). Em muitos casos, estes elementos genéticos transportam vários genes de resistência a antibióticos, transferindo assim múltiplas resistências a antibióticos para outros organismos. Os mecanismos de resistência aos antibióticos utilizados pelas bactérias incluem a produção de enzimas que degradam o antibiótico (Davies, 1994; McAllister *et al.,* 2001; Levy e Marshall, 2004). Algumas bactérias podem bombear rapidamente o antibiótico para fora da célula antes de este ter oportunidade de interagir no interior da célula (Chopra *et al,* 1992). Além disso, algumas bactérias podem produzir enzimas que inactivam o antibiótico através da adição de estruturas químicas adicionais ao antibiótico. As bactérias também podem alterar a sua superfície celular para reduzir a afinidade do antibiótico para o seu local alvo. As bactérias podem expressar mais de um tipo de mecanismos para resistir a um antibiótico (Levy e Marshall, 2004). Dado que muitos organismos tipicamente encontrados nas águas de superfície têm resistência intrínseca aos antibióticos (Farmer, 2003) ou podem não ser patogénicos, a identificação das bactérias resistentes é necessária para interpretar o seu significado para a saúde. As bactérias patogénicas com resistência a um antibiótico utilizado para tratar a infeção causada por esse organismo são uma preocupação óbvia. De igual importância, mas menos óbvia, é a importância das bactérias ambientais (não patogénicas) com resistência aos antibióticos. Isto deve-se à capacidade das bactérias ambientais de transferirem genes de resistência aos antibióticos para os agentes patogénicos humanos. Neste estudo, foi determinada a qualidade microbiológica da água de riachos e poços localizados na cidade de Ile-Ife, no sudoeste da Nigéria. Investigou-se também a prevalência de bactérias indicadoras fecais resistentes a antibióticos nas águas dos ribeiros e dos poços.

## 2.1. Águas subterrâneas

As águas subterrâneas são muito utilizadas em todo o mundo como fonte primária de abastecimento doméstico de água potável, e as águas subterrâneas contaminadas aumentam certamente o risco para a saúde pública (Seas *et al,* 2000). A nível nacional, 40% do abastecimento doméstico de água dos EUA tem origem em águas subterrâneas e mais de 40 milhões de pessoas utilizam as águas subterrâneas como água potável através de poços privados (Alley *etal.,* 1999). A contaminação da água subterrânea por agentes patogénicos levou a numerosos surtos de doenças nos EUA. Por exemplo, pelo menos 46 surtos de doenças ocorreram entre 1992 e 1999, resultando em 2.739 casos de doença e várias mortes (John e Rose 2005). Estes são casos notificados; devido ao subdiagnóstico e à subnotificação, a morbilidade real é quase de certeza mais elevada (Seas *etal,* 2000).

Vários estudos demonstraram que os agentes patogénicos microbianos, tais como Salmonella Schijven e *Escherichia coii, Salmonella faecal is* e enterovírus são relativamente estáveis nas águas subterrâneas (Hassanizadeh 2000; Pang *et al,* 2004). O controlo da contaminação por agentes patogénicos das águas subterrâneas tem sido recentemente enfatizado em muitos países, uma vez que os agentes patogénicos podem sobreviver até 400 dias, dependendo da temperatura do solo (Nevecherya *et al,* 2005; Filip e Demnerova, 2009). Por exemplo, a identificação de fontes de contaminação de águas subterrâneas por agentes patogénicos tem recebido uma atenção significativa em França (Grisey *et al* 2010). Muitos estudos relataram que os riscos para a saúde causados por protozoários resistentes ao cloro, tais como *Cryptosporidium spp.* (Ferguson *et al,* 2003; Kay *et al,* 2007; Kay *et al,* 2008), são consideráveis. Uma das principais preocupações é que as zonas húmidas sem revestimento possam causar a contaminação das águas subterrâneas por agentes patogénicos (Kay *et al,* 2007). Preocupações semelhantes foram expressas no Reino Unido por reguladores de água. A União Europeia (UE) também enfatizou a proteção das águas subterrâneas contra a contaminação por agentes patogénicos (John e Rose 2005). As águas subterrâneas contaminadas com agentes patogénicos podem causar poluição em ambientes costeiros. Por exemplo, um estudo da Baía de Buttermilk mostrou que a água subterrânea é capaz de transportar uma grande quantidade de agentes patogénicos da superfície para a subsuperfície, quer por descarga direta quer por descarga para os rios que correm para a baía (Moog 1987; Weiskel *etal,* 1996). O risco de contaminação das águas subterrâneas aumenta particularmente em áreas onde existem aquíferos pouco profundos (Hassanizadeh 2000; Pang *et al,* 2004). Nestas situações, é mais provável que as águas superficiais contaminadas ou a água das fossas sépticas possam atingir as águas subterrâneas (Weiskel *et al,* 1996). É provável que os eventos de precipitação aumentem a contaminação das águas subterrâneas por agentes patogénicos devido à recarga de águas subterrâneas contaminadas (Kay *etal,* 2007).

A contaminação por agentes patogénicos (por exemplo, bactérias, protozoários e vírus) representa um risco grave para os recursos hídricos. O transporte de agentes patogénicos das águas superficiais para as águas subterrâneas aumenta a vulnerabilidade das águas subterrâneas (Jin e Flury 2002). Jin e Flury (2002) analisaram o destino e o transporte de vírus em meios porosos para compreender os mecanismos e a modelação da sorção de vírus e concluíram que factores como a química da solução, as propriedades do vírus, as propriedades do solo, a temperatura e a associação com partículas sólidas influenciam a sobrevivência, o transporte e a sorção de vírus em meios porosos. Pang (2009) estudou as taxas de remoção microbiana em meios subsuperficiais e referiu que os tipos de solo influenciam consideravelmente as taxas de remoção microbiana.

As águas subterrâneas podem ser contaminadas por infiltração e percolação de água contaminada da zona vadosa (Darnault et al. 2004). Sabe-se também que os macroporos dos terrenos agrícolas desempenham um papel considerável na poluição das águas subterrâneas, particularmente nos campos onde é aplicado estrume (Jamieson et al. 2002). Unc e Goss (2004) avaliaram a influência do estrume no transporte de bactérias dos terrenos que recebem estrume para os recursos hídricos. A presença de palha e de matéria orgânica grosseira influencia a persistência das bactérias, e a aplicação de estrume altera a configuração física do solo, a química do

solo e as propriedades das células microbianas, que controlam a sobrevivência e a

persistência das bactérias nos solos (Moog 1987; Weiskel *etal,* 1996).

## 2.2. **Agentes patogénicos de origem hídrica**

A contaminação por agentes patogénicos transmitidos pela água em massas de água

ambientais e as doenças relacionadas são uma preocupação importante para a

qualidade da água em todo o mundo (Grisey *et al.* 2010). A contaminação por

agentes patogénicos é um problema sério para quase todos os tipos de massas de

água ambientais, tornando essencial o seu reconhecimento e compreensão (U.S.

EPA, 2012a). As Nações Unidas identificaram a melhoria da qualidade da água como

um dos oito Objectivos de Desenvolvimento do Milénio (ODM). O seu objetivo é

reduzir em 50% o número de pessoas sem acesso a água potável até 2015 (OMS

2011). Devido à esmagadora evidência científica das alterações climáticas (IPCC,

2007), é também importante compreender como as perturbações nos padrões

climáticos podem ter um impacto potencial nos níveis de agentes patogénicos nos

recursos hídricos. Para satisfazer a procura futura de água para alimentos, energia e

ecossistemas, o aumento das estruturas de armazenamento de água (barragens)

deve ser uma componente do planeamento a longo prazo (Banco Mundial 2010). No

entanto, essas novas estruturas podem potencialmente degradar a qualidade da água e agravar o risco para a saúde pública (Jamieson et al. 2002). Embora estejam atualmente disponíveis vários documentos de revisão (Bradford et al. 2013; Pachepsky e Shelton 2011; Pang 2009; Jin e

Flury 2002; John e Rose 2005; Jamieson et al. 2004; Jamieson *etal.,* 2002; Arnone e Walling 2007; Kay *et al,* 2007), existe uma necessidade manifesta de estudos transdisciplinares adicionais que assimilem os conhecimentos adquiridos através de esforços de investigação múltiplos que estudam a contaminação por agentes patogénicos e forneçam uma sinopse abrangente para compreender a totalidade do problema (U.S. EPA, 2012a). Por conseguinte,

o objetivo desta revisão é apresentar uma avaliação alargada do âmbito da investigação sobre a contaminação dos recursos hídricos por agentes patogénicos e os desafios associados que esta apresenta ((Bradford et al. 2013; Pachepsky e Shelton 2011; Pang 2009; Jin e Flury 2002;John e Rose 2005; Jamieson et al. 2004; Jamieson *et al,* 2002; Arnone e Walling 2007;Kay *etal,* 2007).

## 2.3. **Riscos para a saúde**

As doenças transmitidas pela água (i.e., diarreia, doença gastrointestinal) causadas por várias bactérias, vírus e protozoários têm sido a causa de muitos surtos (Craun *et al,* 2006). Nos países em desenvolvimento, como os de África, as doenças transmitidas pela água infectam milhões de pessoas (Fenwick 2006). De acordo com a Organização Mundial de Saúde (OMS), todos os anos 3,4 milhões de pessoas, na sua maioria crianças, morrem de doenças relacionadas com a água (OMS 2014). De acordo com a avaliação do Fundo das Nações Unidas para a Infância (UNICEF), 4000 crianças morrem todos os dias devido a água contaminada (UNICEF 2014). A OMS (2010) refere que mais de 2,6 mil milhões de pessoas não têm acesso a água potável, o que é responsável por cerca de 2,2 milhões de mortes por ano, das quais 1,4 milhões são de crianças. A melhoria da qualidade da água pode reduzir a carga global de doenças em cerca de 4% (OMS 2010). Embora as doenças associadas à água sejam prevalentes nos países em desenvolvimento, constituem também um sério desafio nos países desenvolvidos. Um estudo efectuado por Arnone e Walling (2007), que compilou dados de surtos nos EUA (1986 - 2000), registou 5 905 casos e 95 surtos associados à água de recreio. A doença gastrointestinal (GI) causada por uma variedade de micróbios diferentes, que provoca sintomas como diarreia, náuseas, vómitos, febre e dor abdominal, foi responsável por cerca de 29,53% dos casos. Mais de 27% dos casos foram causados por *Shigella spp.* Além disso, 10,99%, 10,08% e 6,59% dos casos foram causados por Cryptosporidium parvum, Adenovírus 3 e Leptospira, respetivamente. Cerca de 23% e 21% dos surtos foram causados por Doença Gastrointestinal (GI) e *Shigella spp,* respetivamente. Além disso, 16,84%,

12,63% e 7,37% dos surtos foram causados por *Naegleria fowleji E co/i* 0157:H7

e *Schistosoma spp,* respetivamente. Para além da gastroenterite aguda, os

principais agentes etiológicos como Giarida, Cryptosporadium, *E coli0157*:H7,

*Vibro, cólera* e Salmonella foram os agentes responsáveis por muitos surtos (Craun

*et al,* 2006). Durante o mesmo período, 437.082 casos e 48 surtos foram causados

por água potável contaminada, dos quais cerca de 95,89% dos casos foram causados

por *Cryptosporidium parvum* (OMS 2010). Cerca de 42% e 31% dos surtos foram

causados por *Giardia lambla* e GI, respetivamente. Relatando estatísticas sobre

surtos transmitidos pela água nos EUA, Craun *etal.* (2006) descobriram que pelo

menos 1870 surtos (23 por ano) ocorreram entre 1920 e 2002. É provável que estes

surtos comunicados e a incidência de doenças comunicada sejam uma subestimação

dos números reais devido a casos não comunicados e à falta de informação sobre a

exposição. Para proteger a saúde pública, os Regulamentos Nacionais de Água

Potável Primária (NPDWRs) da EPA dos EUA contêm normas que descrevem os

valores máximos de

Nível de Contaminante (MCL) - o nível mais alto de um contaminante permitido na

água potável. A U.S. EPA definiu o MCL de vários microorganismos, como

Cryptosporidium, *Giardia lamblia,* Legionella e Coliformes Totais (incluindo coliformes fecais e *E col),* e vírus (U.S. EPA, 2012). A EPA exige 99% de remoção de Cryptosporidium na água potável, e as percentagens de remoção de *Giardia lamblia* e vírus são 99,9 e 99,99%, respetivamente (WHO 2010). Embora não haja limite para Legionella, a EPA acredita que se *Giardia lamblia* e vírus forem removidos ou inativados, então a água potável provavelmente estará livre de Legionella (Craun *et al,* 2006). A EPA dos EUA requer amostragem de rotina de água potável para testar coliformes totais e *E coii,* e se uma amostra de rotina for positiva, então amostras repetidas são necessárias (U.S. EPA, 2012). Se, em qualquer amostra repetida, coliformes totais ou *E coli forem* detectados, então a água potável tem uma violação aguda do MCL (UNICEF 2014). Para um sistema de água potável que coleta menos de 40 amostras de rotina por mês, não mais do que uma amostra pode ser positiva para coliformes totais por mês (Craun *et al.,* 2006). Para um sistema que recolhe mais de 40 amostras de rotina, não é permitido mais do que 5% de amostras coliformes totais positivas num mês (U.S. EPA, 2012). A cada ano, aproximadamente 42.000 casos de salmonelose são relatados nos EUA (CDC, 2014). A esquistossomose não é notificada nos EUA porque não é endémica; no entanto, 200 milhões de pessoas estão infectadas em todo o mundo (UNICEF 2014) . Em

2011, cerca de 1.060 casos da doença do verme da Guiné, causada pelo parasita *Dracunculus medinensis,* foram relatados em muitas partes remotas da África que não têm água potável. A malária, uma doença protozoária do género Plasmodium transmitida por mosquitos que se reproduzem em água contaminada, afecta 300-500 milhões de pessoas e causa mais de um milhão de mortes por ano (mais de 90% das mortes em África). Globalmente, a morbilidade e a mortalidade causadas pela água contaminada são enormes e têm de ser controladas através da melhoria da segurança da água segura (ou seja, água para fins recreativos e água potável) tanto nos países em desenvolvimento como nos países desenvolvidos (U.S. EPA, 2012).

## 2.4. **Perspetiva histórica das doenças de origem hídrica**

A contaminação da água tem uma longa presença na história da humanidade, com descrições no Sushruta Samshita sobre doenças transmitidas pela água semelhantes à cólera num texto indiano escrito em sânscrito já em 500-400 a.C. (Colwell, 1996). Embora as infecções por cólera não tenham sido registadas nos últimos anos nos países desenvolvidos, principalmente devido à melhoria do saneamento, milhões de pessoas continuam a ser infectadas todos os anos pelo Vibrio cholera nos países em desenvolvimento (Nelson *et al,* 2009). A Organização Mundial de Saúde regista cerca de 3-5 milhões de casos de cólera e 10 000 - 120 000 mortes, principalmente nos países em desenvolvimento, devido à cólera todos os anos (Snow, 1854; Colwell,

1996). Ao longo do tempo, a cólera tem causado milhões de mortes tanto nos países

em desenvolvimento como nos países desenvolvidos (Colwell, 1996; Okun, 1996).

Por exemplo, um grande surto de cólera foi registado em Londres em 1849. O Dr.

John Snow, médico da Rainha Vitória, mostrou uma relação entre as pessoas

infectadas pela cólera e a água contaminada (Snow, 1854; Colwell, 1996). Jordan

*etal.* (1904), Ruediger (1911), Simons *etal.* [th](1922), e Rudolfs *etal* (1950) fornecem

excelentes análises sobre os incidentes ocorridos no início do século XX. Colwell

(1996) referiu que, em meados e finais do século XVIII, a cólera infectou milhões de

pessoas em todo o mundo. O pior surto de que há memória recente ocorreu no Haiti

após o terramoto devastador que afectou a capital e as regiões circundantes, com

quase meio milhão de casos, matando milhares de pessoas (CDC, 2011).

## 2.5. **Pegadas e desafios dos agentes patogénicos transmitidos pela água**

Os organismos indicadores (como os coliformes fecais, *E col)* são normalmente

utilizados para avaliar os níveis de agentes patogénicos nos recursos hídricos; ou

seja, as pegadas de agentes patogénicos transmitidos pela água dos recursos

hídricos (Nelson *et al,* 2009). Durante décadas, os responsáveis pela saúde

pública/cientistas avaliaram a qualidade da água através da enumeração dos *níveis*

*de* coliformes fecais e *de coliformes E* em rios, lagos, estuários e águas costeiras

(Malakoff, 2002; Pandey *etal,* 2012; Pandey *etal.,* 2012; Pandey e Soupir, 2013).

Há, no entanto, muito debate sobre os organismos indicadores actuais e a sua

capacidade de representar a presença potencial de bactérias patogénicas (Pandey *et

al,* 2012). Há potencial para usar uma abordagem relativamente nova, como o

rastreamento da fonte microbiana (MST) para rastrear a origem do coliforme fecal

(Scott *et al,* 2002;Grave *et al,* 2007; Dickerson *et al,* 2007;Ibekwe *et al,* 2011; Ma

*et al,* 2014). No passado, o método MST foi explorado pela análise da resistência

aos antibióticos para avaliar o impacto do gado na qualidade da água à escala da

bacia hidrográfica (Grave *et a/,* 2007). Os autores sugeriram que as bibliotecas de

origem do hospedeiro, baseadas num método fenotípico, são úteis para rastrear as

fontes de agentes patogénicos. No entanto, muitos métodos MST baseiam-se no

pressuposto de que algumas estirpes de bactérias se encontram apenas numa única

espécie ou grupo de animais. Este pressuposto pode ser discutível quando se trata

da bactéria fecal comum *E co/i* (Malakoff, 2002). Por conseguinte, é necessário ter

cuidado ao utilizar a *E co/if para a* deteção de fontes (Gordon, 2001). Além disso,

o custo para desenvolver bibliotecas, implementar programas de amostragem

extensivos necessários para verificar o método MST e calcular as incertezas

associadas ao método são questões legítimas, que requerem atenção antes de explorar o método MST à escala da bacia hidrográfica (Pandey e Soupir, 2013).

Atualmente, os responsáveis pela saúde pública/cientistas baseiam-se em limites de exposição para avaliar os níveis de agentes patogénicos nos recursos hídricos, que foram estabelecidos para proteger a saúde humana (OMS 2010). A EPA define limites recreativos aceitáveis como aqueles que resultam em oito ou menos doenças gastrointestinais (GI) relacionadas com a natação em cada 1.000 nadadores (U.S. EPA 1986). Os actuais critérios de qualidade da água doce da U.S. EPA para a *E. coli*

são uma média geométrica que não exceda 126 CFU/100 ml, ou nenhuma amostra que exceda um máximo de 235 CFU/100 ml numa única amostra (U.S. EPA, 2001). Os critérios foram desenvolvidos com base nas medições da U.S. EPA de doenças gastrointestinais totais e altamente credíveis (HCGI), que se correlacionaram com as densidades de E. coli (r = 0,804) em águas doces de recreio (Dufour, 1984). Vários estudos identificaram tendências entre organismos indicadores na água e doenças gastrointestinais em humanos, incluindo vómitos, diarreia e febre (Cabelli, 1983; Wade *etal.* 2006). Um trabalho recente de Edge *etal.* (2010) detectou *E. coli* de origem hídrica *em* 80% das amostras de água com *níveis de E. coli* inferiores a 100 CFU/100 ml. Outro estudo, realizado por Wade *et al.* (2006), registou tendências positivas significativas entre o aumento das doenças gastrointestinais e os organismos indicadores na praia do Lago Michigan, e uma tendência positiva com indicadores como a *E. coli* numa praia do Lago Erie. Recentemente, a utilização de organismos indicadores (por exemplo, coliformes fecais, *E col)* para avaliar os níveis de agentes patogénicos tem sido debatida com mais frequência do que nunca; no entanto, é provável que a utilização de organismos indicadores continue a ser utilizada para avaliar os níveis de agentes patogénicos nos recursos hídricos, potencialmente devido à falta de uma solução alternativa fiável (Wade *etal,* 2006).

## 2.6. **Sobrevivência em águas subterrâneas**

A sobrevivência das bactérias nas águas subterrâneas é influenciada por vários factores, nomeadamente a sobrevivência no solo, uma vez que, para chegarem às águas subterrâneas, as bactérias têm de percolar através do solo. Geralmente, a sobrevivência no solo (e concomitantemente nas águas subterrâneas) é aumentada por baixas temperaturas, elevada humidade do solo, pH neutro ou alcalino do solo e presença de carbono orgânico (Medema, 2003).

## 2.7. **Caracterização da doença**

O período de incubação da cólera é de cerca de 1-3 dias. A doença é caracterizada por uma diarreia aguda e muito intensa que pode exceder um litro por hora. Os doentes com cólera sentem sede, têm dores musculares e fraqueza geral, e apresentam sinais de oligúria, hipovolemia, hemoconcentração, seguida de anúria. O potássio no sangue desce para níveis muito baixos. Os doentes sentem-se letárgicos. Por fim, ocorre o colapso circulatório e a desidratação com cianose (Farmer *etal,* 2003).

A gravidade da doença depende de vários factores: (OMS, 2008). imunidade pessoal: pode ser conferida tanto por infeções anteriores como por vacinas; (Fenwick,2006) inóculo: a doença só ocorre após a ingestão de uma quantidade mínima de células, ca. 108 (OMS, 2008. ; Medema, 2003. ; Farmer, *et al,*2005.;sack *et al,*2004.;Todar, 2009); (George, *et al,* 2001 ). A barreira gástrica: As células de *V. cholera* gostam de meios básicos e, por conseguinte, o estômago, normalmente muito ácido, é um meio adverso para a sobrevivência bacteriana. Os doentes que consomem medicamentos anti-ácidos são mais susceptíveis à infeção do que as pessoas saudáveis; (Grabow,1996). grupo sanguíneo: por razões ainda desconhecidas, as pessoas com sangue do grupo O são mais susceptíveis do que as outras (Farmer, *etal*,2005.;sack *etal*,2004.;Todar, 2009).

Na ausência de tratamento, a mortalidade dos doentes com cólera é de cerca de 50%. É obrigatório repor não só a água perdida, mas também os sais perdidos, principalmente o potássio. Em desidratações ligeiras, a água e os sais podem ser administrados por via oral, mas em condições graves, é obrigatória a administração rápida e intravenosa.

O antibiótico mais eficaz é atualmente a doxiciclina. Se não houver antibiótico disponível para tratamento, a administração de água com sais e açúcar pode, em muitos casos, salvar o doente e ajudar na recuperação (Farmer, *et a/*,2005.;sack *eta/*,2004.;Todar, 2009).

Existem dois factores determinantes da infeção: (OMS, 2008). a adesão das células bacterianas à mucosa intestinal. Isto depende da presença de pili e adesinas na superfície da célula; (Fenwick,2006). a produção da toxina da cólera (Farmer, *et a/*,2005.;sack , *et a/*,2004.;Todar, 2009).

## 2.8. Análise microbiológica da água

### 2.8.1. Fundamentação da utilização de bactérias indicadoras fecais

As doenças gastrointestinais bacterianas mais importantes transmitidas através da água são a cólera, a salmonelose e a shigelose. Estas doenças são transmitidas principalmente através da água (e alimentos) contaminada com fezes de doentes. A água potável pode estar contaminada com estas bactérias patogénicas, o que constitui um motivo de grande preocupação. No entanto, a presença de bactérias patogénicas na água é esporádica e irregular, os níveis são baixos e o isolamento e a cultura destas bactérias não são simples. Por estas razões, a análise microbiológica de rotina da água não inclui a deteção de bactérias patogénicas. No entanto, a água segura exige que a água esteja livre de bactérias patogénicas (George, el at., 2002).

A conciliação das duas necessidades foi satisfeita pela descoberta e teste de bactérias indicadoras. A água contaminada com espécies patogénicas tem também os habitantes normais do intestino humano. Um bom indicador bacteriano de poluição fecal deve cumprir os seguintes critérios (WHO, 2008) existir em grande número no intestino e nas fezes humanas; (Fenwick, 2006). não ser patogénico para os seres humanos; (George, el at.,2001). ser fácil, fiável e barato de detetar em águas ambientais. Além disso, se possível, devem ser cumpridos os seguintes requisitos: não se multiplicar fora do ambiente entérico; (Seas, el at.,2000). nas águas ambientais, o indicador deve existir em maior número do que eventuais bactérias patogénicas; (Medema, elat.,2003). os indicadores devem ter um comportamento de extinção semelhante

como os agentes patogénicos; (Farmer, *el at.*, *2003.* se a poluição fecal humana deve ser separada da poluição animal, o indicador não deve ser muito comum no intestino dos animais de quinta e domésticos OMS 2008,; Farmer, *et a/,*2005.;sack, *eta/,*2004.;Todar, 2009). A utilidade das bactérias indicadoras na previsão da presença de agentes patogénicos foi bem ilustrada em muitos estudos, nomeadamente por (Wilkes eta/2009*).*

## 2.9. Sobrevivência em águas de superfície

A maioria das bactérias intestinais que contaminam as águas ambientais não são capazes de sobreviver e multiplicar-se neste ambiente. As taxas de sobrevivência variam muito entre as bactérias fecais introduzidas nas águas ambientais. As bactérias entéricas patogénicas e a *E co/id apresentam* taxas de sobrevivência baixas. A capacidade de sobrevivência das bactérias fecais nas águas ambientais aumenta geralmente com a diminuição da temperatura. Outros factores que influenciam a sobrevivência incluem a concentração de carbono orgânico dissolvido, a intensidade da luz solar e a capacidade de entrar no estado viável mas não cultivável (Medema, *eta/,*2003).

Num estudo comparativo sobre a sobrevivência de 10 espécies diferentes de coliformes (*E col, Citrobacter freundii, Citrobacter younggae, Klebsiella pneumoniae, K oxytoca, Enterobacter amnigenus, Enterobacter cloacae* subsp. *cloacae*, e *Pantoea agglomerans (Enterobacter agglomeranss)* inoculadas em água de rio esterilizada com diferentes concentrações de carbono orgânico dissolvido, Boualam *etal* (Boualam, *eta.,2002)*. verificaram que apenas *C. freundii, K pneumoniae* e *E cloacae* subsp. *cloacae* permaneciam cultiváveis após 96 horas de incubação. Num estudo posterior, utilizando as mesmas bactérias e o mesmo meio, (Boualam *etal,2003)* verificaram que, após 28 dias, apenas *C* feund/i e *E cloacae* subsp. *cloacae* sobreviveram.

## 2.10. **Agentes patogénicos bacterianos emergentes transmitidos pela água**

As bactérias patogénicas emergentes de preocupação aqui descritas têm o potencial de se propagarem através da água potável, mas não se correlacionam com a presença de *E colior* com outros indicadores de qualidade da água potável normalmente utilizados, tais como as bactérias coliformes. Na maioria dos casos, não existem indicadores microbiológicos satisfatórios da sua presença. São necessários mais estudos para compreender a verdadeira importância e dimensão das doenças causadas pela água contaminada com estas bactérias e a ecologia destes agentes patogénicos (Health Canada, 2006).

## 2.11. Contaminação dos recursos hídricos por agentes patogénicos

A EPA dos EUA, que monitoriza a qualidade da água de várias massas de água ambientais, estimou que os agentes patogénicos prejudicam mais de 480 000 km de rios e linhas costeiras e 2 milhões de hectares de lagos nos EUA (U.S. Environmental Protection Agency 2010). De acordo com as estimativas da EPA, os agentes patogénicos são a principal causa de deterioração das águas da lista 303 (d) (ou seja, a lista de águas deterioradas e ameaçadas que a Lei da Água Limpa exige que todos os estados submetam à aprovação da EPA) (Painter *etal.* (2013).

Estudos efectuados por Diffey (1991), Brookes *etal.* (2004), Jamieson *etal.* (2004), Gerba e Smith (2005), Gerba e McLeod (1976), Hipsey *et al.* (2008), Pachepsky e Shelton (2011) analisaram os estudos actuais sobre o transporte de agentes patogénicos transmitidos pela água, com especial referência aos sedimentos de água doce e estuarinos. Além disso, muitas revisões actuais centram-se em aspectos específicos dos recursos hídricos, por exemplo, John e Rose (2005) centraram-se nas águas subterrâneas, Brookes *et al.* (2004) centraram-se em reservatórios e lagos, Jamieson *et al* (2004) centraram-se em bacias hidrográficas agrícolas e Kay *et al*

(2007) analisaram a dinâmica microbiana das bacias hidrográficas. O estudo de revisão aqui apresentado utiliza uma abordagem relativamente mais ampla para compreender como os agentes patogénicos transmitidos pela água podem ter um impacto potencial na saúde pública e em várias massas de água ambientais. Além disso, são discutidos os desafios existentes na avaliação dos níveis de agentes patogénicos nos recursos hídricos.

## 2.11.1. **Rios**

A contaminação por agentes patogénicos é uma das principais causas de degradação dos cursos de água (Hipsey *et al.* 2008). As fontes de deficiência e os riscos para a saúde induzidos por agentes patogénicos transmitidos pela água são amplamente divulgados nos EUA. A contaminação por agentes patogénicos é a principal causa da poluição da água dos cursos de água (Jamieson *et al.* 2004). O Relatório do Inventário Nacional da Qualidade da Água da EPA sugere que cerca de 53% dos rios avaliados estão comprometidos, e a maioria deles está contaminada por agentes patogénicos (U.S. EPA, 2012). O custo de implementação dos planos de carga máxima diária total (TMDL) para melhorar a água dos cursos de água é estimado em 0,9 a 4,3 mil milhões de dólares por ano (U.S. EPA 2010).

Os influxos de agentes patogénicos para os rios a partir de terras agrícolas são a principal causa de deficiências nos cursos de água (Chin, 2010; U.S. EPA, 2012). Uma fraca compreensão do transporte de agentes patogénicos das terras agrícolas para os rios é considerada um grande desafio na implementação e derivação de práticas adequadas de gestão da terra capazes de melhorar a qualidade da água dos cursos de água (Chin, 2010). Por exemplo, apesar do conhecimento comum de que a poluição de origem não pontual das terras agrícolas é uma das principais causas da deterioração dos cursos de água, é difícil identificar os pontos de origem dos agentes patogénicos e as vias pelas quais entram nos cursos de água (Chin, 2010; U.S. EPA, 2012). Por exemplo, é provável que os agentes patogénicos entrem nos rios a partir de muitas fontes potenciais, incluindo entradas laterais de pastagens e zonas ribeirinhas, influxo de águas subterrâneas contaminadas com agentes patogénicos, depósito direto de matéria fecal do gado e da vida selvagem, descarga de fluxos de esgotos sanitários contaminados e efluentes de estações de tratamento de águas residuais (Jamieson *et al*, 2005). Nos eventos chuvosos, os agentes patogénicos nos rios são influenciados pela entrada de água fresca das bacias hidrográficas, bem como pelo fluxo sub-superficial (Kim *etal.*, 2010). Além disso, a ressuspensão de agentes patogénicos herdados dos sedimentos do leito pode aumentar consideravelmente os níveis de agentes patogénicos (Cho *etal*, 2010);

Droppo *et al*, 2009; Jamieson *et al*, 2005; Kiefer *et al*, 2012; Nagels *et al*, 2002; Muirhead *etal*, 2004;Kim *etal*, 2010;Smith *etal*, 2008).

O controlo da contaminação dos cursos de água por agentes patogénicos provenientes do gado e da vida selvagem é um desafio (Terzieva e McFeters, 1991). Por exemplo, é duvidoso que a contaminação por agentes patogénicos possa ser evitada através da vedação de zonas-tampão ribeirinhas e, mesmo que as zonas-tampão sejam úteis no controlo dos agentes patogénicos das águas dos cursos de água, não se sabe ao certo qual deve ser a sua largura (Nagels *et al,* 2002). Existem estudos de revisão que se debruçam sobre a contaminação por agentes patogénicos das águas dos cursos de água (Fraser *et al,* 1998; Jamieson *etal,* 2004; Pachepsky *etal,* 2006).

## 2.12. Impacto do desenvolvimento dos recursos hídricos

O desenvolvimento dos recursos hídricos implica a alteração do caudal natural dos rios e lagos, bem como a conceção de sistemas de irrigação e barragens (Kiefer *et al,* 2012). Estas actividades têm sido alegadamente responsáveis por causar novas doenças e aumentar os riscos para a saúde (Fenwick 2006; Steinmann *etal,* 2006).

A influência do desenvolvimento dos recursos hídricos na propagação de doenças, como a esquistossomose, uma doença parasitária que ocupa o segundo lugar, a seguir à malária, no que diz respeito ao número de pessoas infectadas, tem sido amplamente relatada; uma estimativa diz que cerca de 103 milhões dos 779 milhões de pessoas infectadas vivem nas proximidades de grandes reservatórios e sistemas de irrigação (Steinmann et al., 2006).

A conceção de barragens e de sistemas de irrigação em zonas de clima tropical e subtropical resultou frequentemente em surtos de doenças causadas por agentes patogénicos transmitidos pela água (Pachepsky *etal,* 2006). Considere-se, por exemplo, a barragem de Sennar no rio Nilo Azul e o esquema Gezira do Sudão, o maior projeto de irrigação do mundo (Fenwick 2006). Devido ao sucesso comercial da barragem, a irrigação na região duplicou entre as décadas de 1940 e 1950 (Fenwick 2006; Steinmann *etal.,* 2006). Após a década de 1950, as infecções por malária e esquistossomose aumentaram significativamente, tornando-se objeto do primeiro programa integrado de controlo de doenças, o Projeto de Saúde do Nilo Azul, implementado de 1978 a 1990 (Kiefer *et al,* 2012). O projeto não teve qualquer impacto no controlo da prevalência da esquistossomose (Eltoum *et al,* 1993; Fenwick 2006; Steinmann *etal,* 2006). Outro exemplo é a barragem chinesa das Três Gargantas, construída ao longo do rio Yangtze e concluída em 2009, que criou um reservatório de 50 700 km2 e submergiu mais de 220 municípios. Hotez *etal* (1997) relataram que o reservatório produziria alterações ambientais que poderiam levar à transmissão da esquistossomose na área servida pela barragem. Um estudo recente de Schrader *et al.* (2013) encontrou grandes áreas de alto risco para a ocorrência de esquistossomose nos grandes lagos e nas regiões de planície de inundação do rio

Yangtze. Outro estudo realizado por Gray *et al.* (2012) indicou que a barragem das

Três Gargantas terá provavelmente um impacto na transmissão da esquistossomose

na China.

Nos EUA, devido à crescente preocupação com a segurança dos produtos, a água de

irrigação livre de agentes patogénicos está a atrair uma atenção considerável

(Martinez *etal,* 2014). Painter *etal.* (2013) relataram que os produtos foram

responsáveis por quase metade das doenças de origem alimentar nos EUA entre

1998 e 2008. A crescente preocupação com a segurança dos alimentos e da água irá

provavelmente ajudar a desenvolver estratégias melhoradas no planeamento e

conceção de grandes barragens para fins de irrigação (Schrader *etal* 2013).

## 2.13. BACTÉRIAS HETEROTRÓFICAS COMO HABITANTES DE UM ECOSSISTEMA DE ÁGUA POTÁVEL

As bactérias constituem a forma de vida mais bem sucedida nos habitats ambientais.

A principal razão para este sucesso é a plasticidade fenotípica. É a capacidade de um

genótipo bacteriano responder fenotipicamente a estímulos ambientais, mais do que

o poder do seu repertório genético, que produziu o desenvolvimento extensivo das

bactérias. Uma estratégia fenotípica geral tornou-se pouco a pouco aparente em

muitas estirpes de bactérias, à medida que fomos compreendendo melhor o estilo de vida que estes organismos são capazes de adotar em resposta a condições de crescimento variáveis. A observação direta de uma grande variedade de ecossistemas aquáticos naturais como habitats de água potável estabeleceu que as células de *Pseudomonas* spp., que são espécies bacterianas omnipresentes, respondem a condições favoráveis de nutrientes aderindo a superfícies orgânicas ou inorgânicas disponíveis e através de fissão binária e produção de exopolímeros para desenvolver biofilmes maduros. Estas células Gram-negativas em forma de bastonete crescem predominantemente neste modo séssil fechado pela matriz, no qual estão protegidas de condições ambientais adversas e de agentes químicos antibacterianos. Assim, a maioria dos microrganismos persiste ligada a uma superfície com um ecossistema de biofilme estruturado e não como células que flutuam livremente. Os estudos mais marcantes com espécies de *P. aeruginosa* (Costerton *et al.* 1995) mostraram que a transformação do biofilme planctónico é controlada por um fator semelhante ao que controla a esporulação em bactérias Gram-positivas. As bactérias de biofilme poderiam ser o produto de uma alteração fenotípica dirigida por um fator σ numa grande cassete de genes. A inversão desta alteração dirigida pelo fator σ geraria células com o fenótipo planctónico e levaria à separação destas células planctónicas do biofilme. Os dados sugerem que os estilos de vida planctónicos favorecem a disseminação e a persistência numa forma de sobrevivência, enquanto o estado séssil do biofilme é favorecido pelo crescimento. O pressuposto de ciclos de

vida no desenvolvimento de bactérias na água potável, incluindo mudanças

alternadas entre as fases planctónica e de fixação à superfície, é particularmente

atrativo para a compreensão da persistência e, por vezes, do crescimento de

microrganismos patogénicos em sistemas de distribuição de água potável (Szewzyk

*et al.*

2000).

Outro fator que pode promover o crescimento de bactérias em sistemas de água potável é a disponibilidade de carbono orgânico ou outros compostos limitantes, como o fosfato. Ambientes com baixo teor de nutrientes, denominados ambientes oligotróficos, carecem principalmente de matéria orgânica para o crescimento de bactérias heterotróficas. A limitação ou inanição relativamente a um ou mais nutrientes é comum na maioria das bactérias em ambientes naturais, tais como águas superficiais ou subterrâneas utilizadas como fonte de água bruta para a água potável. Por conseguinte, pode presumir-se que as caraterísticas mais importantes a considerar no destino dos ecossistemas de água potável são as bactérias que crescem em biofilme (fundamentalmente bactérias heterotróficas de contagem de placas, ou HPC) e o seu estilo de vida de sobrevivência por inanição.

# CAPÍTULO 3

## 3.1     METODOLOGIA

## 3.2     MATERIAIS

Os materiais utilizados durante a experiência são: microscópio composto, autoclave, balança de feijão tripla, incubadora, lâmpada de álcool, espátula, ansa de inoculação, folha de alumínio, algodão, álcool metilado, fita adesiva, agulha e seringa, pinça.

O material de vidro utilizado é uma proveta graduada, um frasco cónico de 250 ml, uma placa de Petri descartável, uma lâmina de microscópio, um tubo de ensaio e um suporte, um pilão e um almofariz, um copo, um funil e papel de filtro.

Os reagentes utilizados são água destilada, etanol, metanol, safranina, iodo licoroso, violeta de cristal e peróxido de hidrogénio.

### 3.2.1 ESTERILIZAÇÃO DE MATERIAIS

Todos os materiais utilizados foram esterilizados antes e depois de cada utilização. Os objectos de vidro utilizados foram lavados cuidadosamente com detergente, envolvidos em água e escorridos. Depois de escorridos, foram embrulhados em papel de alumínio e esterilizados numa estufa (ar quente) a 170C durante 1 hora. O trabalho foi devidamente desinfectado com algodão embebido em álcool a 70%. A ansa de inoculação foi aquecida num bico de Bunsen até ficar em brasa e deixada arrefecer antes de ser utilizada. Os meios de cultura e a água destilada foram esterilizados numa autoclave a 121º C durante 15 minutos. A análise microbiana foi efectuada perto do bico de Bunsen

## 3.3    RECOLHA DA AMOSTRA

A água de três ribeiros (Afon, Arubu e Ekoro) foi recolhida na metrópole de Esa-Oke e colocada em diferentes frascos cónicos estéreis cobertos com folha de alumínio. De forma asséptica, a tampa do frasco foi retirada e a boca foi virada para montante (ou seja, na direção do fluxo da água) e tapada com o gargalo para baixo, cerca de 30 cm abaixo da superfície da água, e encheu-se completamente antes de se voltar a colocar cuidadosamente a tampa e, em seguida, rotular o frasco com o número de código da amostra, que foi rapidamente levada com a embalagem gelada para o laboratório para exame microbiano.

## 3.4    PREPARAÇÃO DE MEIOS DE CULTURA.

Os meios de cultura foram preparados de acordo com as instruções do fabricante. Os meios de cultura para isolamento, armazenamento e algumas caracterizações bioquímicas dos isolados de bactérias foram o ágar Eosina Azul de Metileno (EMB), o ágar Nutriente, o caldo MacConkey, o ágar sal de manitol (MSA) e o caldo Nutriente.

### 3.4.1  PREPARAÇÃO DO ÁGAR AZUL DE EOSINA E METILENO (EMB)

Este meio foi preparado pesando 28 g de EMB em pó, tal como especificado pelo fabricante, e dispensado em 1 litro de água destilada, aquecido e agitado para obter uma mistura homogénea. A boca do frasco cónico foi tapada com algodão não absorvente e depois envolvida com folha de alumínio e esterilizada num autoclave a 121 ºC durante 15 minutos.

### 3.4.2  REPARAÇÃO DO ÁGAR NUTRIENTE (NA).

Este meio foi preparado pesando 28 g de ágar em 250 ml de água destilada, aquecido e depois agitado para obter uma mistura homogénea; a boca do frasco cónico foi tapada com algodão não absorvente e depois envolvida com folha de alumínio e esterilizada num autoclave a 121º C durante 15 minutos.

### 3.4.3  preparação do pão de macaco

Este meio foi preparado pesando 40 g de caldo macConkey em 1 litro de água destilada e depois agitou-se muito bem para dissolver, o que constitui a força simples. A força dupla foi preparada pesando o dobro do grama inicial, ou seja, 80 g em 1 litro de água destilada. Agitou-se muito bem para dissolver. Foram colocados em frascos MarCartney contendo tubos de Durham invertidos. Os frascos MarCartney foram bem tapados e esterilizados numa autoclave a 121º C durante 15 minutos.

### 3.4.4  **PREPARAÇÃO DE MAC CONKEY.**

Este meio foi preparado pesando 13,5 g de ágar Mac Conkey em 250 ml de água destilada, aquecido e depois agitado para obter uma mistura homogénea; a boca do frasco cónico foi tapada com algodão não absorvente e depois envolvida com folha de alumínio e esterilizada numa autoclave a 121º C durante

15 minutos.

### 3.4.5  **PREPARAÇÃO DO ÁGAR-SAL DE MANITOL (MSA)**

Este meio foi preparado pesando 28 g de ágar Mac Conkey em 250 ml de água destilada, aquecido e depois agitado para obter uma mistura homogénea; a boca do frasco cónico foi tapada com algodão não absorvente e depois envolvida com folha de alumínio e esterilizada numa autoclave a 121º C durante 15 minutos.

### 3.4.6  **PREPARAÇÃO DE CALDO NUTRITIVO.**

Este meio foi preparado pesando 28 g de caldo em 250 ml de água destilada. Dissolveu-se corretamente por agitação e 10 ml foram colocados em garrafas MacConkey, bem tapadas e esterilizadas num autoclave a 121º C durante 15 minutos.

### 3.5  **. BACTERIOLÓGICA**

### 3.5.1  **DETERMINAÇÃO DA CONTAGEM DE BACTÉRIAS VIÁVEIS**

A contagem de bactérias viáveis foi determinada pelas amostras de água até 10 0,1 de 10 e 10 diluições foram tomadas e introduzidas em placas de Petri estéreis.

Utilizou-se o método de placa de derrame depois de verter o ágar em placas contendo as amostras de água diluídas em série. Agitou-se e deixou-se assentar antes de incubar a 37º c durante 48 horas. As colónias que se desenvolveram na placa foram contadas e recodificadas.

### 3.5.2 **PURIFICAÇÃO E CONSERVAÇÃO DO ISOLADO**

Isto foi feito com colónias distintas em outras placas estéreis de ágar nutriente e incubadas a 37C durante 24 horas. Após 24 horas de incubação, as colónias foram inoculadas em placas de ágar e novamente incubadas. As placas de ágar foram conservadas no frigorífico a uma temperatura de 4-8C

### 3.6 **CARACTERIZAÇÃO E IDENTIFICAÇÃO DE BACTÉRIAS**

**ISOLADOS**

A caraterização foi efectuada com base na morfologia colonial, nas caraterísticas bioquímicas e na morfologia celular. A morfologia colonial foi observada a olho nu, tendo sido utilizadas as seguintes caraterísticas morfológicas para a caraterização: forma da colónia, elevação, tamanho, borda. A coloração de Gram e a coloração de esporos foram efectuadas, após o que foram submetidas a bioquímica por Fawole e Oso (1988).

### 3.5.1 COLORAÇÃO DE GRAM

Fez-se um esfregaço bacteriano numa lâmina limpa e sem gordura, colocando uma gota de água destilada na lâmina e utilizou-se uma ansa de inoculação estéril para transferir um pouco de colónia para a gota de água destilada. O esfregaço foi seco ao ar e fixado pelo calor, passando-o sobre uma chama de Bunsen. O esfregaço foi inundado com violeta cristalino durante 60 segundos e enxaguado com água corrente lenta. A lâmina foi então inundada com acetona durante 5-10 segundos para descolorir o esfregaço e depois enxaguada com água corrente lenta. Foi adicionada safranina à lâmina durante 30 segundos para a contra-coloração, a lâmina foi também enxaguada com água corrente lenta e deixada a secar. Colocou-se óleo de imersão na lâmina antes da visualização ao microscópio e as lâminas foram visualizadas sob lentes objectivas de imersão em óleo sem lamela.

Os organismos que se acetinam com a cor púrpura representam bactérias Gram positivas e os que se acetinam com a cor vermelha/rosa são bactérias Gram negativas (victorial e micheal, 1996).


### 3.5.2 COLORAÇÃO DE ESPOROS

Foram efectuados esfregaços em lâminas limpas e isentas de gordura e fixadas a quente com uma chama de Bunsen. A lâmina foi inundada com corante verde de malaquite, que é o corante primário. As lâminas foram aquecidas para vaporização durante 10 minutos com adição contínua de corante de malaquite fresco. As lâminas foram lavadas com água corrente lenta e inundadas novamente com safranina durante 20 segundos. As lâminas foram novamente enxaguadas com água corrente lenta, secas ao ar e observadas com lentes de imersão em óleo. A coloração das células vegetativas é lida enquanto a coloração dos esporos é cinzenta (Fawole e Oso, 1988).

### 3.5.3 ENSAIO DA CATALASE

Este teste é utilizado para detetar a presença da enzima catalase num organismo. Esta enzima decompõe o peróxido de hidrogénio para libertar gás oxigénio livre. Uma porção da cultura foi removida com uma ansa de fio de chama e foi feito um esfregaço numa lâmina limpa e isenta de gordura, sendo depois adicionadas 1-2 gotas de peróxido de hidrogénio a 3%. A efervescência indica um resultado positivo.

### 3.5.4 ENSAIO DA OXIDASE

O teste da oxidase foi realizado humedecendo papel de filtro com algumas gotas de 1% de dicloridrato de tetrametil-p-fenilnediamina e, em seguida, utilizou-se uma ansa de inoculação estéril para colher pequenos inóculos da cultura de reserva e espalhá-los no papel de filtro humedecido. O desenvolvimento de uma cor púrpura no espaço de 10 segundos indica um teste positivo (Prescott *eta/*,2008).

### 3.5.5 TESTE DA COAGULASE

Este teste é utilizado para detetar determinados organismos que têm a capacidade de coagular o plasma sanguíneo humano, o que se deve à produção da enzima coagulase. A coagulase pode estar ligada ao organismo, o que pode ser ilustrado pelo teste da lâmina, ou pode estar livre, o que pode ser demonstrado pelo método do tubo (Victoria e Micheal, 1996). O sorriso foi feito numa lâmina isenta de gordura com uma ansa de inoculação esterilizada, a ansa foi novamente esterilizada e mergulhada em plasma humano, sendo depois agitada com as bactérias na lâmina, sendo visível a aglutinação no espaço de 15 segundos, o que revelou um resultado positivo (Fawole e Oso, 1988).

### 3.5.6INDOLETEST

Este teste é utilizado para detetar a capacidade de qualquer um dos isolados para produzir indol (ou seja, a capacidade de hidrolisar o aminoácido triptofano). A triptona no meio de cultura fornece triptofano. Inoculou-se caldo nutritivo em frascos MarCartney com o isolado utilizando uma ansa de inoculação estéril e os frascos foram tapados e incubados a 37 °C durante 48 horas. Após a incubação, introduziu-se 1 ml de clorofórmio no caldo e agitou-se suavemente, introduziu-se também 1 ml de reagente de Kovac e agitou-se suavemente, deixando depois os frascos repousar durante cerca de 20 minutos. Uma cor vermelha na camada de reagente indica a produção de indol, o que constitui um resultado positivo (Fawole e Oso, 1988).

### 3.5.7 HIDRÓLISE DO AMIDO

O amido é um polissacárido, muitas bactérias possuem uma enzima chamada amilase que pode hidrolisar moléculas complexas de amido em açúcares. O teste foi efectuado através da sementeira de placas contendo ágar nutriente estéril e amido a 0,5% com cultura de bactérias, utilizando uma ansa de inoculação estéril, depois as placas foram incubadas a 37C durante 48 horas, após a incubação foi utilizado iodo de Gram para inundar a superfície do ágar, a zona de depuração foi observada imediatamente e as colónias com zona de depuração indicam um resultado positivo, enquanto as que estão rodeadas de coloração azul-preta indicam um resultado negativo.

# CAPÍTULO 4

## 4.0 Resultado

Os resultados da análise dos dados relativos à contagem média de bactérias e à

distribuição dos isolados bacterianos são apresentados nos quadros seguintes:

Tabela 1: Perfil da contagem média de bactérias

| Sample | Bacteria Mean Count |
|---|---|
| Afon-Oke | $1.15 \times 10^8$ |
| Arubu | $1.13 \times 10^7$ |
| Ekoro | $1.02 \times 10^7$ |

Tabela 2: Distribuição dos isolados bacterianos nas amostras

| Bacterial Isolate | Sample | | |
|---|---|---|---|
| | Afon-Oke | Arubu | Ekoro |
| *Staphylococcus aureus* | 3 | 6 | 7 |
| *Staphylococcus spp* | 2 | 2 | 5 |
| *Bacillus subtilis* | 2 | 4 | 2 |
| *Klebsiella pnuemoniae* | 3 | 3 | 1 |
| *Pseudomonas aeruginosa* | 1 | 5 | 1 |

# CAPÍTULO 5

## 5.0 Discussão

O resultado obtido a partir da contagem de placas mostra que Afon Oke tinha uma contagem mais elevada do que os outros (Quadro 1). O estudo revelou que há mais *Staphylococcus aureus em Ekoro* do que noutros locais, enquanto que *em* Arubu há mais *Pseudomonas aeruginosa* do que noutros locais. *S.aureus* foi o isolado bacteriano mais predominante encontrado. Sabe-se que as bactérias patogénicas elaboram vários produtos extracelulares que podem contribuir para a sua virulência no hospedeiro. Alguns dos produtos extracelulares incluem enzimas e toxinas. Algumas destas enzimas e toxinas são importantes para a virulência deste microrganismo. O resultado obtido neste estudo mostra que todos os *S aureus eram* coagulase e DNase positivos, o que pode ser resultado do gene "coo". Todos os *S aureus* eram *B–hemoiticos*, o que aparece como uma zona clara no ágar sangue.

Isto revelou que este organismo poderia lisar os glóbulos vermelhos do hospedeiro quando ingerido e poderia resultar em doenças transmitidas pela água. Sabe-se que *o S aureus* causa envenenamento, é autolimitado, provoca vómitos prolongados, diarreia, desidratação e perda de electrólitos em pessoas muito jovens e idosas (Jay, 2005), porque a imunidade é imatura e está sobrecarregada em ambos os extremos, num estudo realizado na cidade de Ago-Iwoye, Estado de Ogun. Na Nigéria, os investigadores referiram que a maior parte da amostra de água continha Bacillus (cerca de 84,62%), enquanto Staphylococcus e *Pseudomonas spp* ocupavam a segunda e terceira posições, com 65,72 e 76,84% de isolamento.

As espécies de *Staphylococcus* encontram-se em todo o lado. A maioria das espécies de Staphylococcus pode produzir alguma forma de enterotoxina, o agente causador da *estafilococcia/enterite* (Smith *etal,* 2008).

A predominância de *Staphylococcus spp* foi seguida pela de *S aureus. Os Staphylococcus spp* não são normalmente patogénicos, mas podem causar infecções em indivíduos imunocomprometidos como organismos oportunistas (Jay, 2005). Os resultados mostram que os *Staphylococcus spp* identificados não coagularam o plasma humano e eram *B-heamoiíticos. Os Bacillus spp* são bastonetes Gram positivos que formam esporos. Encontram-se principalmente no solo e em equipamento sujo (Bailey *et al,* 1993). Neste estudo, *a Pseudomonas aeruginosa* foi encontrada em Ekoro, Arubu e Afon-Oke. Outros estudos referiram que *Pseudomonas spp* é uma bactéria ubíqua, que adora o calor e que se encontra normalmente em pequenas quantidades nas praças (Buttiaux e Mossel, 1961). A *Pseudomonas spp* foi a segunda em predominância de todos os isolados bacterianos recuperados em Arubu. *Klebsiellapnuemoniae* também foi isolada dos três riachos e é uma das bactérias coliformes que pode ser uma bactéria patogénica oportunista se for encontrada em grande proporção no intestino humano. Encontram-se geralmente no solo, na água, nos alimentos e em materiais sujos.

# CONCLUSÃO

O número mais elevado de bactérias é alarmante, uma vez que a norma microbiológica internacional especifica que a contagem de placas bacterianas deve ser inferior a 10^5 Cfu/g de coliformes e não deve exceder o intervalo de 10^1-10^2 cfu/g. No entanto, nunca é demais sublinhar a necessidade de melhorar o controlo da qualidade da água dos cursos de água e as boas práticas de higiene não devem ser excluídas. O ribeiro deve ser monitorizado a partir da fonte, uma vez que se encontra muito próximo de áreas residenciais e o surto de doenças transmitidas pela água é iminente, pelo que a inspeção da água a partir da fonte deve ser considerada muito importante. O facto de as bactérias terem acesso à água não é apenas uma indicação de deterioração, mas também um sinal de aviso da presença de muitos agentes patogénicos transmitidos pela água, pelo que um ambiente limpo desempenha um papel importante e vital. Uma vez que a maioria das bactérias isoladas era capaz de produzir toxinas, recomenda-se um controlo rigoroso e a certificação dos cursos de água, na esperança de manter a qualidade do curso de água e, em última análise, de garantir uma boa saúde.

# REFERÊNCIAS

Alley WM, Reilly TE, Franke OL (1999) Sustainability of Groundwater Resources. U.S. Geological Survey (U.S.GS), Denver, CO

Arnone RD, Walling JP (2007) Waterborne pathogens in urban watersheds.J Water Health 5(1):149-162

Bai S, Lung WS (2005) Modeling sediment impact on the transport of fecalbacteria (Modelação do impacto dos sedimentos no transporte de bactérias fecais). Water Res 39:5232-5240

Baker-Austin C, McArthur J, Lindell A, Wright M, Tuckfield R, Gooch J, Warner L, Oliver J, Stepanauskas R (2009) A análise de múltiplos locais revela uma resistência generalizada aos antibióticos no agente patogénico marinho: Vibrio vulnificus. Microb Ecol 57(1):151-159

Beaver JR, Crisman TL (1989) The role of ciliated protozoa in pelagic freshwater ecosystems (O papel dos protozoários ciliados nos ecossistemas pelágicos de água doce). Microb Ecol 17(2):111-136

Binder S, Levitt AM, Sacks JJ, Hughes JM (1999) Emerging infectious diseases:public health issues for the 21st Century. Science 284(5418):1311-1313

Bitton G, Farrah SR, Ruskin RH, Butner J, Chou YJ (1983) Survival of organismos patogénicos e indicadores. Águas subterrâneas 21 (4):405-410

Bradford SA, Morales VL, Zhang W, Harvey RW, Packman AI, Mohanram A, Welty C (2013) Transporte e destino de agentes patogénicos microbianos em ambientes agrícolas. Crit Rev Env Sci Tec 43:775-893

Brookes JD, Antenucci J, Hipsey M, Burch MD, Ashbolt NJ, Ferguson C (2004) Fate and transport of pathogens in lakes and reservoirs. Environ Int 30(5):741-759

Burton GA, Gunnison D, Lanza GR (1987) Survival of pathogenic bacteria in various freshwater sediments (Sobrevivência de bactérias patogénicas em vários sedimentos de água doce). Appl Environ Microbiol 53(4):633-638

Cabelli VJ (1983) Public health and water quality significance of viral diseases transmitted by drinking water and recreational water. Water Sci Technol 15(5):1 -15

Carmichael WW (2001) Health effects of toxin-producing cyanobacteria: the CyanoHABs. Hum Ecol Risk Assess 7:1393-1407

Centros de Controlo e Prevenção de Doenças (CDC) (2011) Cholera in Haiti: OneYear Later., http://www.cdc.gov/haiticholera/haiti_cholera.htm (acedido em 23/05/2014)

Centers for Disease Control and Prevention (CDC) (2014) Salmonella., http://www.
cdc.gov/salmonella/general/ (acedido em 28/04/2014)

Chandran A, Mohamed Hatha AAM (2005) Relative survival of Escherichia coli and
Salmonella typhimurium in a tropical estuary. Water Res 39(7):1397-1403

Chin DA (2010) Ligação das fontes de agentes patogénicos à qualidade da água em
pequenos cursos de água urbanos. J Environ Eng 136(2):249-253

Cho KH, Pachepsky YA, Kim JH, Guber AK, Shelton DR, Rowland R (2010) Libertação
de Escherichia coli do sedimento de fundo num riacho de primeira ordem:
Experiência e modelação específica do alcance. J Hydrol 391(3-4):322-332

Cicirello HG, Kehl KS, Addiss DG, Chusid MJ, Glass RI, Davis JP, Havens PL (1997)

Codd G, Bell S, Kaya K, Ward C, Beattie K, Metcalf J (1999) Cyanobacterial toxins,
exposure routes and human health. Eur J Phycol
34:405-415

Coffey R, Cummins EO, Flaherty V, Cormican M (2010) Estimativa de fontes de
agentes patogénicos e análise de cenários utilizando a ferramenta de
avaliação do solo e da água (SWAT). Hum Ecol Risk Assess 16(4):913-933

Colwell RR (1996) Global climate and infectious disease: The Cholera Paradigm.
Ciência 274(5295):2025-2031

Craun GF, Fraun MF, Calderon RL, Beach MJ (2006) Waterborne outbreaks reported

in the United States. J Water Health 4:19-30

Criptosporidiose em crianças durante um surto maciço transmitido pela água em

Milwaukee, Wisconsin: resultados clínicos, laboratoriais e epidemiológicos.

Epidemiol Infect 119(1):53-60

Darnault CJD, Steenhuis TS, Garnier P, Kim YJ, Jenkins MB, Ghiorse WC, Baveye PC,

Parlange JY (2004) Fluxo preferencial e transporte de oocistos de

Cryptosporidium parvum através da zona vadosa: Experiências e modelação.

Vadose Zone J 3(2):262-270

Daszak P, Cunningham AA, Hyatt AD (2000) Emerging infectious diseases of wildlife

- threats to biodiversity and human health (Doenças infecciosas emergentes

da vida selvagem - ameaças à biodiversidade e à saúde humana). Ciência

287:443-449

Desmarais TR, Solo-Gabriele HM, Palmer CJ (2002) Influence of soil on fecal indicator

organisms in a tidally influenced subtropical environment. Appl Environ

Microbiol 68(3):1165-1172

Diaz RJ, Rosenberg R (2008) Spreading dead zones and consequences for marine

ecosystems. Ciência 321:926-929

Dickerson JW, Crozier JB, Hagedorn G, Hassall A (2007) Assessment of 16 s-23srDNA interagenic spacer regions in Eterococcus spp. for microbial source tracking.

J Environ Qual 36:1661-1669

Diffey BL (1991) Solar ultraviolet-radiation effects on biological-systems. Phys Med

Biol 36(3):299-328

Dorner SM, Anderson WB, Slawson RM, Kouwen N, Huck PM (2006) Hydrologic

modeling of pathogen fate and transport. Environ Sci Technol 40(15):4746-

4753

Droppo IG, Krishnappan BG, Liss SN, Marvin C, Biberhofer (2011) Modelação da

dinâmica sedimento-microbiana no rio South Nation, Ontário, Canadá: Para

a previsão do risco para a saúde aquática e humana.

Water Res 45:3797-3809

Droppo IG, Liss SN, Williams D, Nelson T, Jaskot C, Trapp B (2009) Existência

dinâmica de agentes patogénicos transmitidos pela água em

compartimentos de sedimentos fluviais: Implications for water quality

regulatory affairs. Environ Sci Technol 43(6):1737-1743

Dufour A (1984) Health Effects Criteria for Fresh Recreational Waters. Toxicology

and Microbiology Division, U.S. Environmental Protection Agency Report

EPA- 600-1-84-2004, Cincinnati, OH

Edge TA, Hill S, Seto P, Marsalek J (2010) Library-dependent and library independent microbial source tracking to identify spatial variation in faecal contamination sources along a Lake Ontario beach (Ontario, Canada). Water Sci Technol 62:719-727

Eltoum IA, Sulaiman SM, Elturabi H, Mahgoub E, Homeida MMA (1993) Infeção por Schistosoma-Mansoni em 2 áreas endémicas diferentes - um estudo comparativo de base populacional nos sistemas de irrigação de Elzidab e Gezira-Managil, Sudão. J Trop Med Hyg 96(2):100-106

Epstein PR (2001) Climate change and emerging infectious diseases (Alterações climáticas e doenças infecciosas emergentes).

Microbes Infect 3(9):747-754

Falconer IR (2005) Is there a human health hazard from microcystins in the drinking water supply? Ata Hydrochim Hydrobiol 33:64-71

Farmer, J.J.; Hickam-Brenner, F.W. O Género *Vibrio* e *Phtotobacterium*. Em *The Prokaryotes: An Evolving Electronic Resource for the Microbiological Community,* electronic release 3.14, 3th ed.; Dworkin, M., Falkow, S., Rosenberg, E., Eds.; Springer-Verlag: New-York, NY, EUA, 2003.

Fayer R, Trout JM (2005) Zoonotic protists in the marine environment. In: Belkin S e Colwell RR (ed) Oceans and Health: Pathogens in the Marine

Environment. Springer, Nova Iorque, E.U.A., pp 143-163

Fenwick, A. Waterborne Diseases-could they be consigned to History? Science 2006, 313,1077-1081.

Ferguson C, Husman AMD, Altavilla N, Deere D, Ashbolt N (2003) Fate and transport of surface water pathogens in watersheds. Crit Rev Environ Sci Technol 33(3):299-361

Filip Z, Demnerova K (2009) Sobrevivência em águas subterrâneas e FT-IR caraterização de algumas bactérias patogénicas e indicadoras. In: Jones JAA, Vardanian TG, Hakopian C (ed) Threats to Global Water Security. Springer, Dordrecht, Países Baixos, pp 117-122

Fraser RH (1999) SEDMOD: A GIS-based delivery model for diffuse source pollutants. Dissertação de doutoramento, Escola de Silvicultura e Estudos Ambientais, Universidade de Yale

Fraser RH, Barten PK, Pinney DAK (1998) Predicting stream pathogen loading from livestock using a geographical information system-based delivery model. J Environ Qual 27(4):935-945

Frias-Lopez J, Zerkle AL, Bonheyo GT, Fouke BW (2002) Partição de comunidades bacterianas entre a água do mar e superfícies de corais saudáveis, doentes e mortos. Appl Environ Microbiol 68(5):2214-2228

George, I.; Crop, B-D-Galactosidase and B-D-Glucuronidase Activities for Quantitative Detection of Total and Faecal Coliforms in wastewater. Can. J. Microbiol. 2001,47,670-675.

Gerba CP, McLeod JS (1976) Efeito dos sedimentos na sobrevivência de Escherichia coli em águas marinhas. Appl Environ Microbiol 32(1):114-120

Gerba CP, Smith J (2005) Sources of pathogenic microorganisms and their fate during land application of wastes (Fontes de microrganismos patogénicos e seu destino durante a aplicação de resíduos no solo). J Environ Qual 34:42-48

Gibson CJ, Haas CN, Rose JB (1998) Risk assessment of waterborne protozoa: current status and future trends. Parasitologia 117:S205-S212

Gordon DM (2001) Geographical structure and host specificity in bacteria and the implications for tracing the source of coliform contamination. Microbiologia 147(5):1079-1085

Goyal SM, Gerba CP, Melnick JL (1977) Ocorrência e distribuição de indicadores bacterianos e agentes patogénicos em comunidades de canais ao longo da costa do Texas. Appl Environ Microbiol 34(2):139-149

Grave AK, Hagedorn C, Brooks A, Hagedorn RL, Martin E (2007) Microbial source tracking in a rural watershed dominated by cattle. Water Res 41:3729-3739

Gray DJ, Thrift AP, Williams GM, Zheng F, Li Y-S, Guo J, Chen H, Wang T, Xu XJ, Zhu R, Zhu H, Cao CL, Lin DD, Zhao ZY, Li RS, Davis GM, McManus DP (2012) Avaliação longitudinal de cinco anos do impacto a jusante na transmissão da esquistossomose após o encerramento da Barragem das Três Gargantas. PLoS Negl Trop Dis 6(4):e 1588, doi:10.1371/journal.pntd.0001588

Grisey E, Belle E, Dat J, Mudry J, Aleya L (2010) Survival of pathogenic and indicator organisms in groundwater and landfill leachate through coupling bacterial enumeration with tracer tests. Dessalinização 261(1-2):162-168

Guber AK, Pachepsky YA, Yakirevich AM, Shelton DR, Sadeghi AM, Goodrich DC, Unkrich CL (2011) Incerteza na modelação do transporte terrestre de coliformes fecais associado à aplicação de estrume em Maryland. Hydrolical Process 25(15):2393-2404

Harvell CD, Kim K, Burkholder JM, Colwell RR, Epstein PR, Grimes DJ, Hofmann EE, Lipp EK, Osterhaus AD, Overstreet RM, Porter JW, Smith GW, Vasta GR (1999) Emerging marine diseases-climate links and anthropogenic factors. Ciência 285(5433):1505-1510

Harvell CD, Mitchell CE, Ward JR, Altizer S, Dobson AP, Ostfeld RS, Samuel MD

(2002) Climate warming and disease risks for terrestrial and marine biota.

Ciência 296:2158-2162

Ministério da Saúde do Canadá. *Diretrizes para a qualidade da água potável*

*canadiana: Documento técnico de orientação. Bactérias patogénicas*

*transmitidas pela água. Organismos actuais e emergentes que*

*suscitam preocupação.* Ministério da Saúde do Canadá: Ottawa, ON,

Canadá, 2006.

Hipsey MR, Antenucci JP, Brookes JD (2008) A generic, process-based model of

microbial pollution in aquatic systems. Water Resour Res 44(7), W07408

Hofer U (2013) Getting to the bottom of Cyanobacteria. Nat Rev Microbiol 11:818-

819

Hotez PJ, Feng Z, Xu LQ, Chen MG, Xiao SH, Liu SX, Blair D, McManus DP, Davis

GM (1997) Emerging and reemerging helminthiases and the public health

of China. Emerg Infect Dis 3(3):303-310

Howe AD, Forster S, Morton S, Marshall R, Osborn KS, Wright P, Hunter PR (2002)

Cryptosporidium oocysts in a water supply associated with a

surto de criptosporidiose. Emerg Infect Dis 8(6):619-624

Ibekwe AM, Murinda SE, Graves AK (2011) A diversidade genética e a resistência antimicrobiana de Escherichia coli de origem humana e animal revelam múltiplas resistências de origem humana. PLoS One 6:e20819, doi:10.1371/journal.pone.0020819

Painel Intergovernamental para as Alterações Climáticas (IPCC) (2007) Quarto Relatório de Avaliação do IPCC, Resumo para os decisores políticos, p. 5

Ishii S, Ksoll WB, Hicks RE, Sadowsky MJ (2006) Presença e crescimento de Escherichia coli naturalizada em solos temperados de bacias hidrográficas do Lago Superior. Appl Environ Microbiol 72(1):612-621

Jamieson R, Gordon R, Joy D, Lee H (2004) Assessing microbial pollution of rural surface waters: A review of current watershed scale modeling approaches. Agric Water Manag 70(1):1 -17

Jamieson R, Gordon R, Sharples K, Stratton G, Madani A (2002) Movement and persistence of fecal bacteria in agricultural soils and subsurface drainage water: A review. Can Biosyst Eng 44:1.1-1.90

Jamieson R, Joy DM, Lee H, Kostaschuk R, Gordon R (2005a) Transport and deposition of sediment-associated Escherichia coli in natural streams. Water Res 39(12):2665-2675

Jamieson RC, Joy DM, Lee H, Kostaschuk R, Gordon RJ (2005b) Resuspension of

sediment-associated Escherichia coli in a natural stream. J Environ Qual

34(2):581-589

Jin Y, Flury M (2002) Fate and transport of viruses in porous media (Destino e

transporte de vírus em meios porosos). Adv Agron 77:39-102

**João P. S. Cabral** *19Agosto2010; em formato revisto: 7Setembro2010/*

*Aceite: 28 setembro 2010/Publicado: 15 outubro 2010.*

John DE, Rose JB (2005) Revisão dos factores que afectam a sobrevivência

microbiana nas águas subterrâneas. Ciência e Tecnologia do Ambiente

39(19):7345-7356

Jordan EO, Russell HL, Zeit FR (1904) The longevity of the typhoid bacillus in water

(A longevidade do bacilo da febre tifoide na água). J Infect Dis 1(4):641-

689

Kaloudis T, Zervou S, Tsimeli K, Triantis TM, Fotiou T, Hiskia A (2013)

Determinação de microcistinas e nodularina (toxinas de cianobactérias) na

água por LC-MS/MS. Monitorização do Lago Marathonas, uma água

reservatório de Atenas, Grécia. J Hazard Mater 263:105-115

Kapuscinski RB, Mitchell R (1983) Sunlight-induced mortality of viruses and

Escherichia coli in coastal seawater. Environ Sci Technol 17(1):1-6

Kay D, Crowther J, Stampleton CM, Wyer MD, Fewtrell L, Anthony S, Bradford M, Edwards A, Francis CA, Hopkins M, Kay C, McDonald AT, Watkins J, Wilkinson J (2008) Faecal indicator organism concentrations and catchment export coefficients in the UK. Water Res 42:2649-2661

Kay D, Edwards AC, Ferrier RC, Francis C, Kay C, Rushby L, Watkins J, McDonald AT, Wyer M, Crowther J, Wilkinson J (2007) Catchment microbial dynamics: the emergence of a research agenda. Prog Phys Geogr 31(1):59-76

Ketchum BH, Ayers JC, Vaccaro RF (1952) Processes contributing to the decrease of coliform bacteria in a tidal estuary. Ecologia 33(2):247-258

Kiefer LA, Shelton DR, Pachepsky Y, Blaustein R, Santin-Duran M (2012) Persistência de E. coli introduzida em córregos sedimentados com resíduos de ganso, veado e bovino. Lett Appl Microbiol 55(5):345-353

Kim JW, Pachepsky YA, Shelton DR, Coppock C (2010) Efeito da libertação de bactérias do leito do rio nas concentrações de E. coli: Monitorização e modelação com o SWAT modificado. Ecol Model 221(12):1592-1604

Kistemann T, Classen T, Koch C, Dangendorf F, Fischeder R, Gebel J, Vacata V, Exner M (2002) Microbial load of drinking water reservoir tributaries during extreme rainfall and runoff. Appl Environ Microbiol 68(5):2188-2197

Krause RM (1994) Dynamics of emergence (Dinâmica da emergência). J Infect Dis 170(2):265-271

Liang Z, He Z, Zhou X, Powell C, Yang Y, He LM, Stoffella PJ (2013) Impacto das práticas mistas de utilização dos solos na qualidade microbiana da água numa bacia hidrográfica costeira subtropical. Sci Total Environ 449:426-433

Lipp EK, Rodriguez-Palacios C, Rose JB (2001) Ocorrência e distribuição do agente patogénico humano Vibrio vulnificus num estuário subtropical do Golfo do México. Hydrobiologia 460(1):165-173

Ma LP, Li B, Zhang T (2014) Abundância de genes de resistência à rifampicina e correlações significativas de genes de resistência a antibióticos e plasmídeos em vários ambientes revelados pela análise metagenómica. Aplicações Microbiol Biotechnol 98:5195-5204. doi:10.1007/s00253-014-5511-3

Mac Kenzie WR, Hoxie NJ, Proctor ME, Gradus MS, Blair KA, Peterson DE, Kazmierczak JJ, Addiss DG, Fox KR, Rose JB, Davis JP (1994) Um surto maciço em Milwaukee de infeção por Cryptosporidium transmitida através do abastecimento público de água. N Engl J Med 331(3):161-167

MacKintosh C, Beattie KA, Klumpp S, Cohen P, Codd GA (1990) Cyanobacterial microcystin-LR is a potent and specific inhibitor of protein phosphatases 1 and 2A from both mammals and higher plants. FEBS Lett 264:187-192

Malakoff D (2002) Water quality: microbiologists on the trail of polluting bacteria. Ciência 295(5564):2352-2353

Martinez G, Pachepsky YA, Whelan G, Yakirevich AM, Guper A, Gish T (2014) Transporte de organismos indicadores fecais induzido pela chuva a partir de campos adubados: Análise da sensibilidade do modelo. Environ Int 63:121-129

Medema, G.J.; Payment, P.; Dufour, A.; Robertson, w.; Waite, M.; Hunter, P.; Kirby, R.; Anderson, Y. Água potável segura: um desafio permanente. Em Assessing Microbial safety of Drinking Water. Improving Approaches and Method; WHO & OECD, IWA Publishing: London, UK, 2003; pp. 11-45.

Medema, G.J; Shaw, S.; Waite, M.; Snozzi, M.; Morreau, A.; Grabow, W. Catchment characteristics and source water quality. In *Assessing Microbial Safety of Drinking Water Improving Approaches and Method;* WHO & OECD, IWA Publishing: London, UK, 2003; pp. 111-158. 111-158.

Moog PL (1987) The hydrogeology and freshwater influx of Buttermilk Bay, Massachusetts, with regard to the circulation of coliforms and pollutants: a model study and development of methods for general application, M.S. Thesis. Universidade de Boston, Boston, MA, p 166

Muirhead RW, Davies-Colley RJ, Donnison AM, Nagels JW (2004) Faecal bacteria yields in artificial flood events: quantifying in-stream stores. Water Res 38(5):1215-1224

Muirhead RW, Monaghan RM (2012) Um modelo de dois reservatórios para prever as perdas de Escherichia coli para a água de pastagens pastoreadas por vacas leiteiras

vacas. Environ Int 40:8-14

Nagels JW, Davies-Colley RJ, Donnison AM, Muirhead RW (2002) Faecal contamination over flood events in a pastoral agricultural stream in New Zealand. Water Sci Technol 45(12):45-52

Nasser AM, Zaruk N, Tenenbaum L, Netzan Y (2003) Comparative survival of Cryptosporidium, coxsackievirus A9 and Escherichia coli in stream, brackishand sea waters. Water Sci Technol 47(3):91 -96

Neitsch SL, Arnold JG, Kiniry JR, Williams JR, King KW (2005) Soil and water assessment tool: theoretical documentation, version 2005. Texas, E.U.A., Elsevier

Nelson EJ, Harris JB, Glenn Morris J, Calderwood SB, Camilli A (2009) Cholera transmission: the host, pathogen and bacteriophage dynamic. Nat Rev Microbiol 7(10):693-702

Nevecherya IK, Shestakov VM, Mazaev VT, Shlepnina TG (2005) Survival rate of

pathogenic bacteria and viruses in groundwater. Recursos Hídricos

32(2):209-214

Oikonomou A, Katsiapi M, Karayanni H, Moustaka-Gouni M, Kormas KA

(2012) Microorganismos do plâncton que coincidem com duas mortes em

massa consecutivas de peixes num lago recentemente reconstruído. Sci

World J 2012:1-14, doi:10.1100/2012/504135

Okun DA (1996) From cholera to cancer to cryptosporidiosis. J Environ Eng

122(6):453-458

Pachepsky YA, Sadeghi AM, Bradford SA, Shelton DR, Guber AK, Dao T (2006)

Transport and fate of manure-borne pathogens: Modeling perspective. Agric

Water Manag 86(1-2):81-92

Pachepsky YA, Shelton DR (2011) Escherichia coli e coliformes fecais em sedimentos

de água doce e estuarinos. Crit Rev Env Sci Tec 41(12):1067-1110

Painter JA, Hoekstra RM, Ayers T, Tauxe RV, Braden CR, Angulo FJ, Griffin PM (2013)

Atribuição de doenças de origem alimentar, hospitalizações e mortes a

produtos alimentares utilizando dados de surtos, Estados Unidos, 1998

2008. Emerg Infect Dis 19(3):407-415

Pandey PK, Soupir ML (2012a) Non-point Source Pollution. Enciclopédia Berkshire de

Sustentabilidade: Gestão de Ecossistemas e

Sustentabilidade. Berkshire Publishing Group, LLC, Great Barrington, MA,

E.U.A.

Pandey PK, Soupir ML (2013) Assessing the impacts of E. coli laden streambed

sediment on E. coli loads over a range of flows and sediment characteristics.

J Am Water Resour Assoc 49(6):1261-1269

Pandey PK, Soupir ML, Rehmann CR (2012b) Um modelo para prever a ressuspensão

de Escherichia coli a partir de sedimentos de cursos de água. Water Res

46:115-126

Pang L (2009) Taxas de remoção microbiana em meios subsuperficiais estimadas a

partir de estudos publicados de experiências de campo e grandes núcleos

de solo intactos. J Environ Qual 38:1531-1559, doi:10.2134/jeq2008.0379

Pang L, Close M, Goltz M, Sinton L, Davies H, Hall C, Stanton G (2004) Estimation of

septic tank setback distances based on transport of E. coli and F-RNA

phages. Environ Int 29(7):907-921

Parajuli PB, Douglas-Mankin KR, Barnes PL, Rossi CG (2009) Caracterização da fonte

de bactérias fecais e análise de sensibilidade do SWAT 2005.

Trans ASAE 52:1847-1858

Rao VC, Seidel KM, Goyal SM, Metcalf TG, Melnick JL (1984) Isolamento de enterovírus da água, sólidos em suspensão e sedimentos da Baía de Galveston: sobrevivência do poliovírus e do rotavírus adsorvidos aos sedimentos. Appl Environ Microb 48(2):404-409

Rehmann CR, Soupir ML (2009) Importância das interações entre a coluna de água e o sedimento para as concentrações microbianas em cursos de água. Water Res 43(18):4579-4589

Rhodes MW, Kator HI (1990) Effects of sunlight and autochthonous microbiota on Escherichia coli survival in an estuarine environment. Curr Microbiol 21(1):65-73

Rippey SR (1994) Infectious-diseases associated with molluscan shellfish consumption (Doenças infecciosas associadas ao consumo de moluscos). Clin Microbiol Rev 7(4):419-425

Roberts MC, Soge OO, No D (2013) Comparação de Staphylococcus aureus resistentes à meticilina ambientais multirresistentes isolados de praias recreativas e de superfícies de elevado contacto em edifícios ambiente. Front Microbiol4(74):1-8. doi:10.3389/fmicb.2013.00074

Rubentschik L, Roisin MB, Bieljansky FM (1936) Adsorção de bactérias em lagos salgados. J Bacteriol 32(1):11-31

Rudolfs W, Falk LL, Ragotzkie RA (1950) Literature review on the occurrence and survival of enteric, pathogenic, and relative organisms in soil, water, sewage, and sludge, and on vegetation. Sewage Ind Wastes 22(10):1261-1281

Ruediger GF (1911) Studies on the self-purification of streams (Estudos sobre a auto-purificação dos cursos de água). Associação Americana de Saúde Pública 1(6):411-415

Sayler GS, Nelson JD, Justice A, Colwell RR (1975) Distribution and significance of fecal indicator organisms in the Upper Chesapeake Bay. Appl Environ Microb 30(4):625-638

Schijven JF, Hassanizadeh SM (2000) Removal of viruses by soil passage: overview of modeling, processes, and parameters. Crit Rev Env Sci Tec 30(1):49-127

Schrader M, Hauffe T, Zhang Z, Davis GM, Jopp F, Remais JV, Wilke T (2013) Modelação espacialmente explícita do risco de esquistossomose na região oriental de

China, com base numa síntese de dados epidemiológicos, ambientais e dados genéticos do hospedeiro intermediário. PLoS Negl Trop Dis

7(7):e2327

Schriewer A, Miller WA, Byrne BA, Miller MA, Oates S, Conrad PA, Hardin D, Yang HH, Chouicha N, Melli A, Jessup D, Dominik C, Wuertz S (2010) Presença de bacteroidales como preditor de agentes patogénicos em águas superficiais da costa central da Califórnia. Appl Environ Microbiol 76(17):5802-5814

Scott TW, Takken W, Knols BGJ, Boete C (2002) The ecology of genetically modified mosquitoes. Ciência 298(5591):117-119

Seas, C.; Alarcon, M.; Aragon, J.C.; Beneit, S.; Quinonez, M.; Guerra, H.; Gotuzzo, E. Surveillance of Bacterial Pathogens Associated with Acute Diarrhea in Lima, Peru. Dis. 2000, 4, 96-99.

Simons GW, Hilscher R, Ferguson HF, Gage SDM (1922) Report of the committee of bathing places. Am J Public Health 12(1):121-123

Sinton LW, Finlay RK, Lynch PA (1999) Sunlight inactivation of fecal bacteriophages and bacteria in sewage-polluted seawater. Appl Environ Microb 65(8):3605-3613

Smith EM, Gerba CP, Melnick JL (1978) Role of sediment in the persistence of enteroviruses in the estuarine environment. Appl Environ Microb 35(4):685-689

Smith J, Edwards J, Hilger H, Steck RTR (2008) Os sedimentos podem ser um reservatório para bactérias coliformes libertadas nos cursos de água. J Gen Appl Microbiol 54:173-179

Smith RA, Alexander RB, Wolman MG (1987) Water-quality trends in the Nation's rivers. Ciência 235(4796):1607-1615

Smith RJ, Twedt RM, Flanigan LK (1973) Relationships of indicator and pathogenic bacteria in stream waters. Journal (Water Pollution ControlFederation) 45(8):1736-1745

Snow J (1854) A Map of Cholera Deaths in London, 1840's. Universidade de York

Solo-Gabriele HM, Wolfert MA, Desmarais TR, Palmer CJ (2000) Sources of Escherichia coli in a coastal subtropical environment. Appl Environ Microb 66(1):230-237

Staley ZR, Rohr JR, Senkbeil JK, Harwood VJ (2014) Os agroquímicos aumentam indiretamente a sobrevivência da E.coli O157:H7 e das bactérias indicadoras, reduzindo os serviços ecossistémicos. Ecol Appl, http://dx.doi.Org/10.1890/13-1242.1

Steinmann P, Keiser J, Bos R, Tanner M, Utzinger J (2006) Schistosomiasis and water resources development: systematic review, meta-analysis, and estimates of people at risk. Lancet Infect Dis 6(7):411-425

Terzieva SI, McFeters GA (1991) Survival and injury of E. coli, Campylobacter jejuni, and Yersinia Enterocolitica in stream water. Can J Microbiol 37(10):785-790

U.S. Environmental Protection Agency (2010a) WATERS (Watershed Assessment, Tracking & Environmental Results). Washington, DC, http://water.epa.gov/ scitech/datait/tools/waters/index.cfm. Acedido em 8 de maio de 2014

U.S. Environmental Protection Agency (U.S. EPA) (1986) Ambient Water Quality Criteria for Bacteria. EPA 44015-84-002. Escritório de Regulamentos e Stand, Washington, DC, Acessado em 8 de maio de 2014

Agência de Proteção Ambiental dos EUA (U.S. EPA) (2001) Protocolo para o desenvolvimento de TMDLs de agentes patogénicos. Resumo Nacional de Águas Empobrecidas e Informações sobre TMDL Washington, DC., Acessado em 8 de maio de 2014

Agência de Proteção Ambiental dos EUA (U.S. EPA) (2010b) Protocolo para o desenvolvimento de TMDLs de agentes patogénicos. Resumo Nacional de Águas Empobrecidas e Informações de TMDL. Washington, DC, http://iaspub.epa.gov/waters10/ attains_nation_cy.control?p_report_type=T. Acedido em 8 de maio de 2014

Agência de Proteção Ambiental dos EUA (U.S. EPA) (2012a) Impaired Waters and

Total Maximum Daily Loads (Águas com problemas e cargas máximas diárias

totais), acesso em 8 de maio de 2014

Agência de Proteção Ambiental dos EUA (U.S. EPA) (2012b) Drinking Water

Contaminants. National Primary Drinking Water Regulations.,

http://water.epa. gov/drink/contaminants/#one. Acedido em 18 de maio de

2014

Agência de Proteção Ambiental dos EUA (U.S. EPA) (2014a) Protocolo para o

desenvolvimento de TMDLs de agentes patogénicos. Resumo nacional de

problemas                              http://iaspub.epa.gov/waters10/

attains_nation_cy.control?p_report_type=T. Acedido em 8 de maio de 2014

Informações sobre águas e TMDL. Washington, DC,

Agência de Proteção Ambiental dos EUA (EPA) (2014b) Cyanobacterial

HarmfulAlgalBlooms          ..,

http://www2.epa.gov/nutrient-policy-data/cyanobacterialharmful- algal-

blooms-cyanohabs. Acedido em 8 de maio de 2014

Agência de Proteção Ambiental dos EUA (U.S. EPA) (2014c) Hypoxia.,

http://water.epa.

gov/type/watersheds/named/msbasin/hypoxia101.cfm. Acedido em 8 de maio de 2014

U.S. Geological Survey (U.S.G. S.) (2012) Dead Zone: the Source of the Gulf of México ..,
http://www.usgs.gov/blogs/features/usgs top story/deadzone- the-source-of-the-gulf-of-mexicos-hypoxia/. Acedido em 28 de abril de 2014

U.S. Geological Survey (U.S.G. S.) (2014) The Gulf of Mexico Hypoxic Zone, http://toxics.usgs.gov/hypoxia/hypoxic zone.html. Acedido em 8 de maio 2014

Unc A, Goss MJ (2004) Transporte de bactérias do estrume e proteção de recursos hídricos. Appl Soil Ecol 25:1-18

Fundo das Nações Unidas para a Infância (UNICEF) (2014) Dia Mundial da Água 2025: 4.000 crianças morrem todos os dias por falta de água potável, http://www.unicef.org/wash/ index_25637.html

Vareli K, Briasoulis E, Pilidis G, Sainis I (2009) Confirmação molecular de Planktothrix rubescens como a causa de um intenso florescimento de cianobactérias sintetizadoras de microcistina no lago Ziros, Grécia. Algas nocivas 8:447-453

Viau EJ, Goodwin KD, Yamahara KM, Layton BA, Sassoubre LM, Burns SL, Tong HI,

Wong SHC, Lu Y, Boehm AB (2011) Bacterial pathogens in Hawaiian coastal streams - associations with fecal indicators, land cover, and water quality. Water Res 45:3279-3290

Wade TJ, Calderon RL, Sams E, Beach M, Brenner KP, Williams AH, Dufour AP (2006) Os indicadores rapidamente medidos da qualidade da água para fins recreativos são preditivos de doenças gastrointestinais associadas à natação. Environ Health Perspect 114:24-28

Wang Y, Bradford SA, Simunek J (2014a) Estimativa e aumento de escala dos parâmetros do modelo de dupla permeabilidade para o transporte de Ecoli D21g em solos com fluxo preferencial. J Contam Hydrol 159:57-66

Wang Y, Bradford SA, Simunek J (2014b) Factores físico-químicos que influenciam o transporte preferencial de Escherichia coli nos solos. Zona Vadosa J 13(1) doi:10.2136/vzj2013.07.0120

Wcislo R, Chrost RJ (2000) Survival of Escherichia coli in freshwater. Pol J Environ Stud 9(3):215-222

Weiskel PK, Howes BL, Heufelder GR (1996) Coliform contamination of a coastal embayment: Sources and transport pathways. Environ Sci Technol 30(6):1872-1881

White DL, Bushek D, Porter DE, Edwards D (1998) Geographic information systems (GIS) and kriging: analysis of the spatial and temporal distributions of the oyster pathogen Perkinsus marinus in a developed and an undeveloped estuary. J Shellfish Res 17(5):1473-1476

OMS (2011) Objectivos de Desenvolvimento do Milénio: progressos no sentido da Objectivos de Desenvolvimento do Milénio relacionados com a saúde, http://www.who.int/mediacentre/factsheets/ fs290/en/index.html. Acedido em 25 de junho de 2012


OMS (Organização Mundial de Saúde). Guideline for drinking-water Quality (Diretrizes para a qualidade da água potável). Incorporating 1st and 2nd addenda, volume I, Recommendations, 3rd ed.; WHO: Genebra, Suíça, 2008.

Wilkes G, Brassard J, Edge TA, Gannon V, Jokinen CC, Jones TH, Lapen DR (2014) Coerência entre diferentes marcadores de rastreio de fontes microbianas num pequeno riacho agrícola com ou sem práticas de exclusão de gado. Appl Environ Microbiol 79(20):6207-6219

Wilkes, G.; Edge, T.; Gannon, V.; Jokinen, C.; Lyautey, E.; Medeiros, D.; Neumann, N.; Ruecker, N.; Topp, E.; Lapena, D.R. Seasonal Relationships Among Indicator Bacteria, Pathogenic Bacteria, *Cryptosporidium* Oocysts, *Giardia*

Cysts, and Hydrological Indices for Surface Waters Within an Agricultural Landscape. *Water Res.* **2009**, *43,* 2209-2223.

Woolhouse MEJ (2002) Population biology of emerging and re-emerging agentes patogénicos. Trends Microbiol 10(10):s3-s7

Banco Mundial (2010) Water Resource Management, Washington, D. C, http://www. worldbank.org/en/topic/waterresourcesmanagement. Acedido em 26 de abril de 2012.

Printed by Books on Demand GmbH, Norderstedt / Germany